종이로 만든 지도와 핸드폰 속 스마트 지도,
모습은 달라도 가장 중요한 목적은 같아.
지도를 통해 낯선 곳을 만나는 건 설레는 일이지!
지도와 함께 떠나 볼까?

나의 첫 지리책 1

지도로 보물 찾기

📍 지도 똑똑하게 읽는 법

최재희 글 | 미소노 그림

화면에서 '현재 위치' 아이콘을 찾아서 누르면 동그란 버튼이 나타나고, 이 버튼은 우리가 가는 길을 따라서 서서히 움직이지. 신기하지? 이런 **스마트 지도**는 우리가 있는 위치를 정확히 알려 준단다.

정말 동그라미가 조금씩 움직여요. 신기해요, 아빠! 이게 어떻게 우릴 따라 움직일 수 있죠?

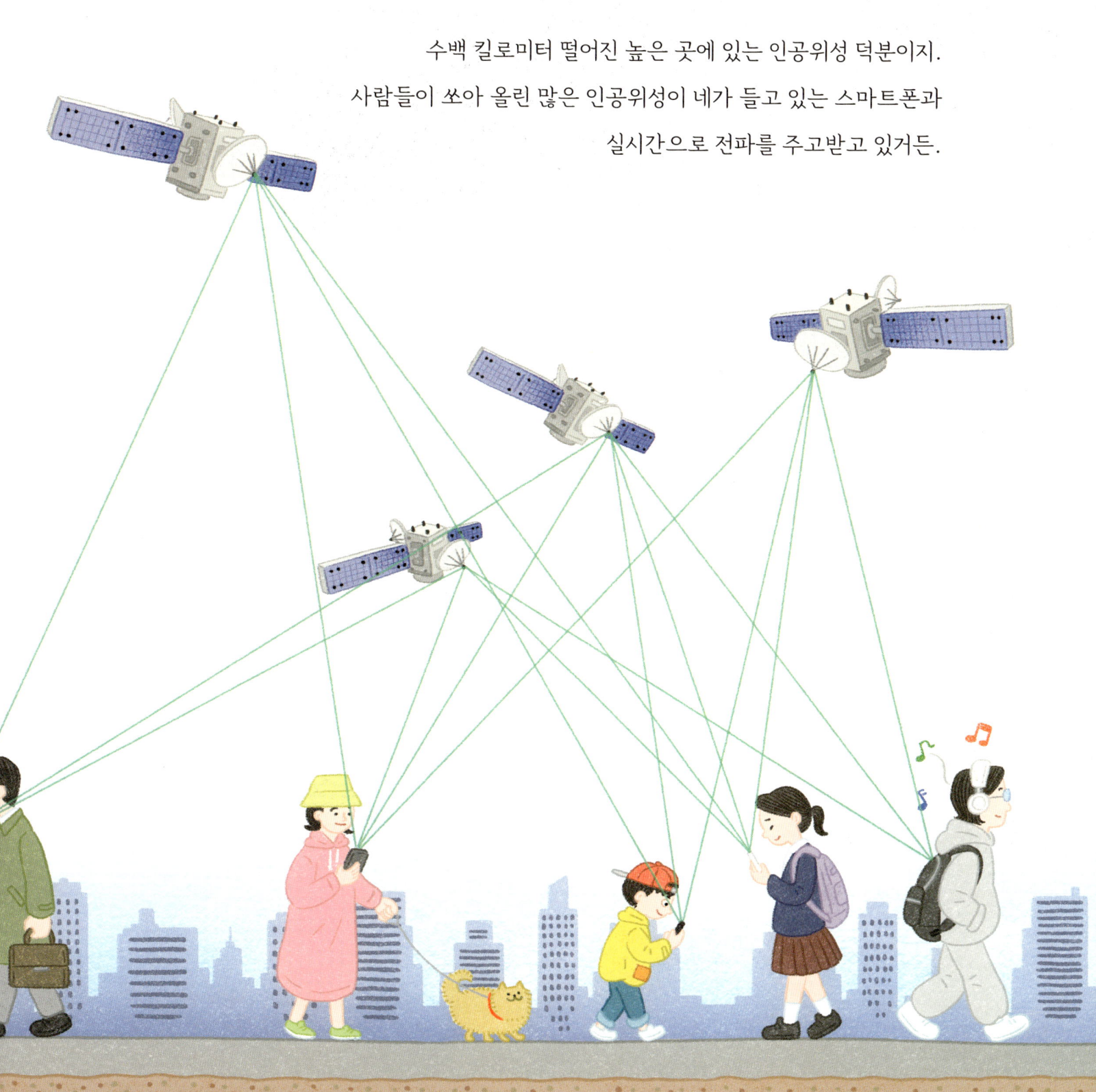

수백 킬로미터 떨어진 높은 곳에 있는 인공위성 덕분이지.
사람들이 쏘아 올린 많은 인공위성이 네가 들고 있는 스마트폰과
실시간으로 전파를 주고받고 있거든.

이해하기 어렵다면 우리가 자주 하는 물총 놀이로 생각해 볼래?

전원을 켜는 순간부터 인공위성과 스마트폰이 전파 물총 싸움을 한다고 말이야.

물총 사격 실력이 좋은 지오가 인공위성, 도망 다니기 바쁜 아빠가

우리가 타고 있는 차라고 생각해 보는 거야.

아빠를 맞추려면 물줄기 방향을 정확하게 겨누고

재빠르게 방아쇠를 당겨야겠지?

인공위성은 컴퓨터를 이용해서 우리 차의 위치를 아주 정확하게 알아낸단다.
그러고는 **물총 발사!** 전파를 쏘는 거야.
네가 쏘는 물줄기는 가끔 빗나가기도 하지만,
인공위성이 보내는 전파는 빛의 속도만큼 빨라서
우리 차는 인공위성에게 꼼짝없이 전파 물총을 맞을 수밖에 없지.
생각해 보렴. 1초에 지구 둘레를 일곱 바퀴 반을 돌 수 있는 빛의 속도를
우리 차가 어떻게 이길 수 있겠니?

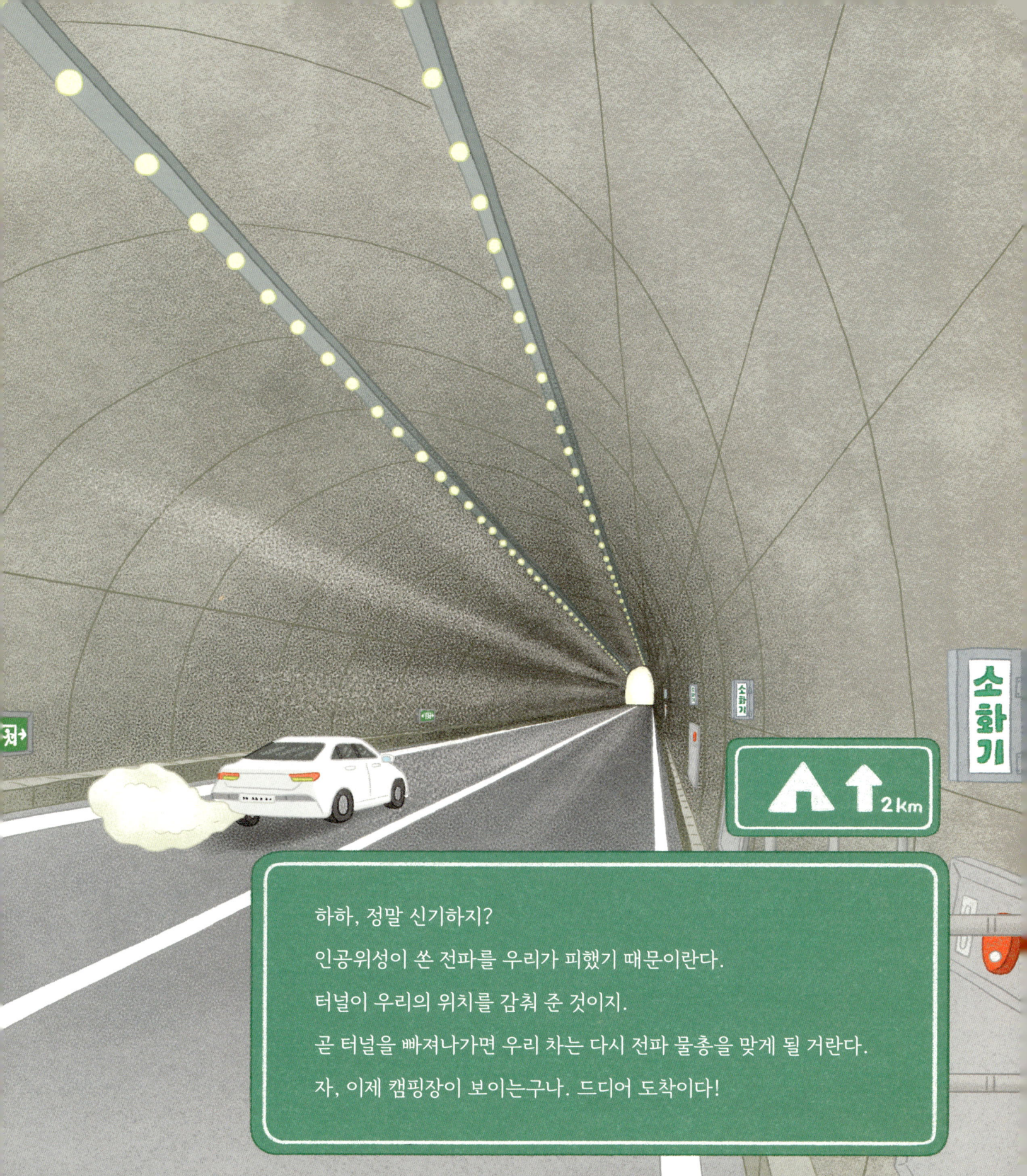

지도는 '땅을 그린 그림'이라는 뜻이란다.
만약에 주변의 산과 강, 들판 등의 생김새를
그대로 따라 그린다면,
풍경을 담은 그림과 다를 바 없겠지?
하지만 지도는 분명 평범한 그림과는 다르단다.

옛날 조선 시대에 **대동여지도**라는 유명한 지도가 있었어.
그때까지 고을마다 제각각이었던 지도를
다양한 기호를 만들어 일정하게 다듬은 지도였지.
고을과 고을 간 거리를 알 수 있도록 점을 찍어 표현하거나
산이 큰지 작은지, 배가 다닐 수 있는 강인지 아닌지를
구분할 수 있도록 만든 게 대동여지도의 남다른 점이었어.

이 지도를 만든 김정호 선생은
전국의 지도를 모아서 열심히 공부했대.
왜 이런 힘든 일을 했을까?
바로 사람들이 고을과 고을을 편하게 오가도록 돕기 위해서였지.
그러니까 지도란 어떤 공간을 충분히 파악해서,
사람과 물건이 이동하는 데 도움이 되기 위해 만든 것이란다.

자동차 안에서 살펴보았던 스마트 지도는
우리의 위치를 아주 정확하게 알려 주지.
게다가 손가락으로 늘였다, 줄였다 하면서
아주 넓은 범위를 한눈에 살펴볼 수 있고,
아주 좁은 범위까지도 확인할 수 있는
매우 편리한 도구란다.

반면에 캠핑장 지도는 그 목적이 조금 다르단다.
캠핑장 지도는 오직 캠핑장을 찾아온 사람이
캠핑장의 다양한 시설을 쉽게 이용할 수 있도록 만든 것이거든.
스마트 지도는 전국 어디서나 쓸 수 있지만
캠핑장 안의 세세한 위치까지 알려 주진 못하니까,
캠핑장 지도도 꼭 필요한 것이지.

자, 이제 지도는 **목적**에 따라 다르게 만든다는 것을 이해하겠지?

캠핑장 안내도

편의 시설
- 화장실
- 음수대
- 쓰레기 선별장
- 샤워실
- 소화기

튼튼한 아지트를 만들고 배부르게 점심도 먹었으니, 지금부터는 아빠가 준비한 보물찾기를 해 볼까? 실은 아빠가 지오를 위해 캠핑장 어딘가에 보물을 숨겨 놨단다.

우아! 정말이요? 어떻게 찾아요? 정말 기대돼요! 아빠 최고!

지도는 우리가 눈으로 볼 수 없는 **넓은 땅을 작게 만든 것**이거든.

생각해 보렴. 지도의 크기가 실제 땅과 같다면 지도는 필요가 없겠지?

그래서 지도는 실제 땅의 크기를 목적에 맞도록

일정한 **비율**로 줄여서 만들 수밖에 없단다.

지도를 보고 땅을 이해할 수 있도록 **규칙**을 넣어야 하고 말이야.

지도는 반드시 세 가지 규칙을 지켜야 해.
첫째는 방위, 둘째는 거리, 셋째는 고도!
보물을 찾으려면 반드시 알아야 할 것들이니
지금부터 차근차근 하나씩 알려 줄게.

캠핑장 안내도

방위는 어떤 공간에서 다른 곳까지의 방향을 나타낸 것이란다.
캠핑장 지도를 다시 펼쳐 볼까?
우리가 있는 느티나무 구역은 목재 체험장의 **동쪽**,
등산로 입구의 **서쪽**, 산딸나무 구역의 **북쪽**에 있단다.
이렇듯 **동서남북**의 방위를 사용하면,
어떤 지점의 위치를 더욱 정확하게 말할 수 있어.

이렇게 두 팔을 벌리고 선다면, 나를 중심으로
머리 방향은 북쪽, 다리 방향은 남쪽,
오른팔 방향은 동쪽, 왼팔 방향은 서쪽이 되는 식이란다.

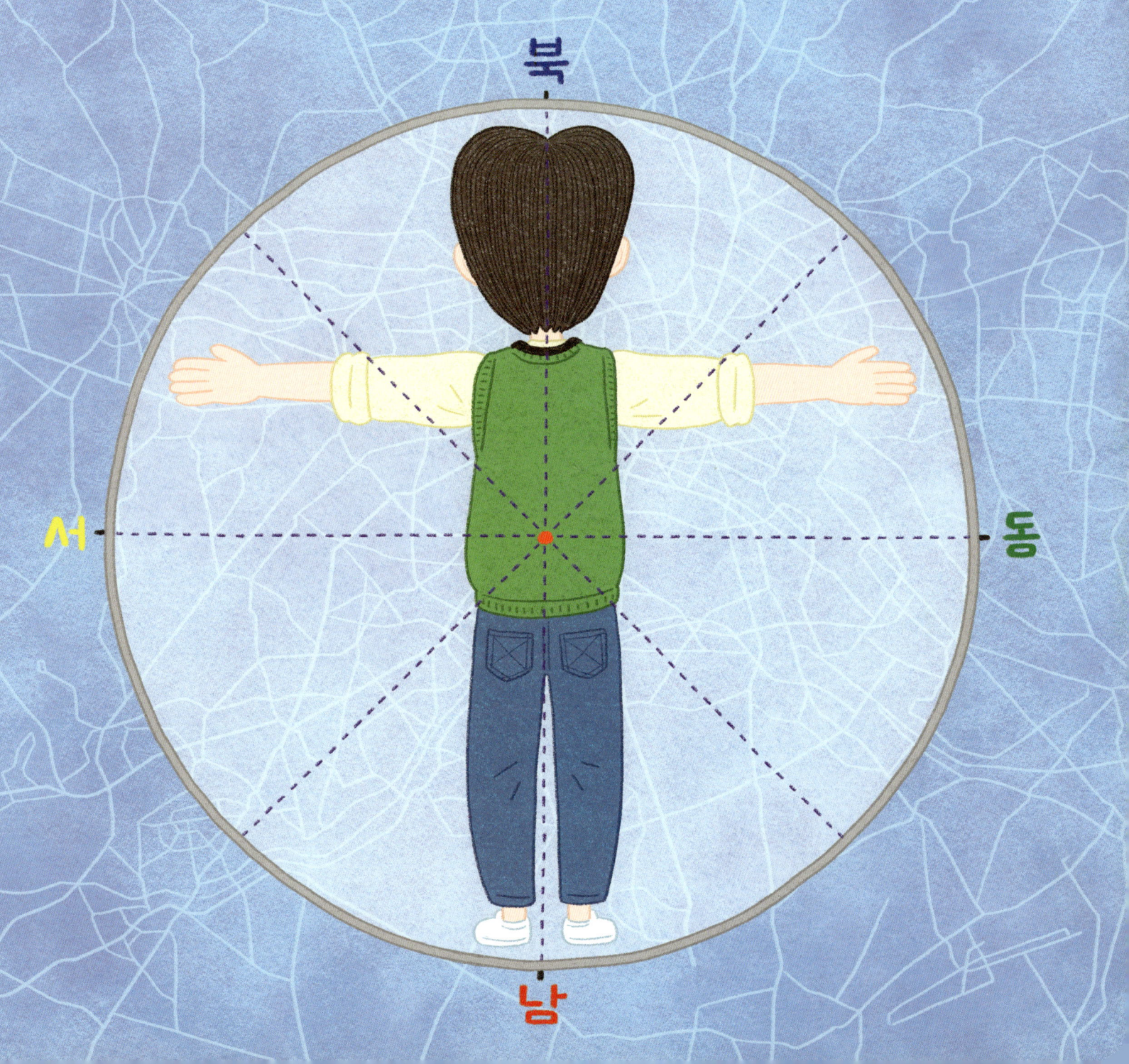

그다음은 거리를 알아볼까?

거리는 한곳에서 다른 곳까지 떨어진 길이를 뜻해.

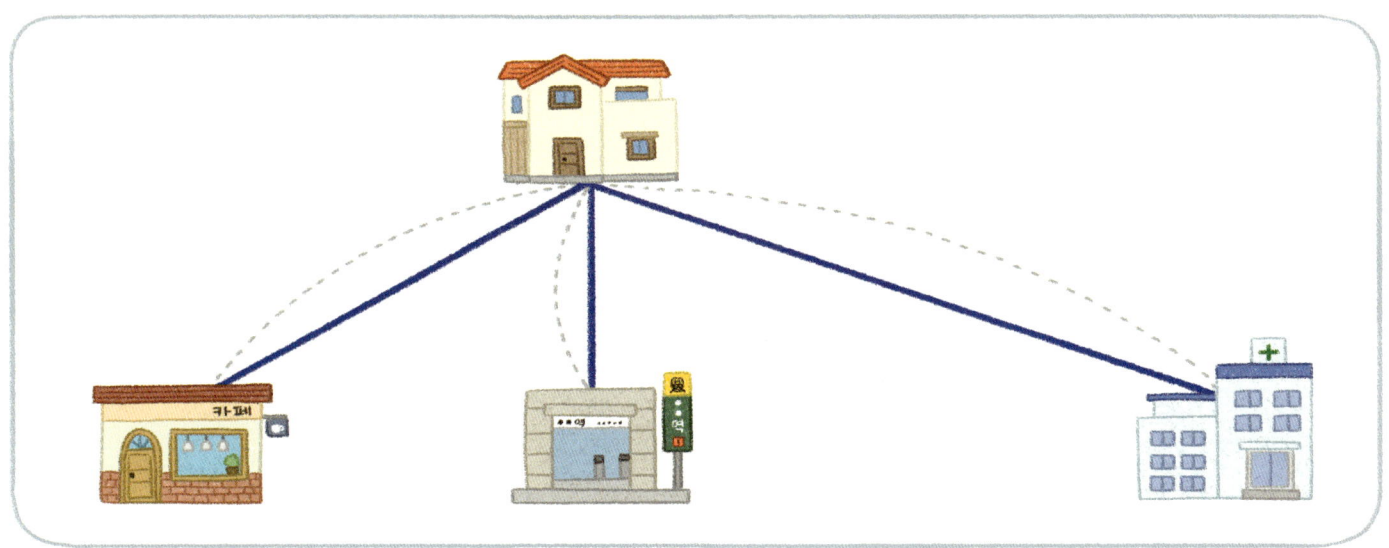

아빠가 네게서 몇 걸음 떨어진다면,

아빠와 지오 사이의 거리가 멀어졌다고 표현할 수 있단다.

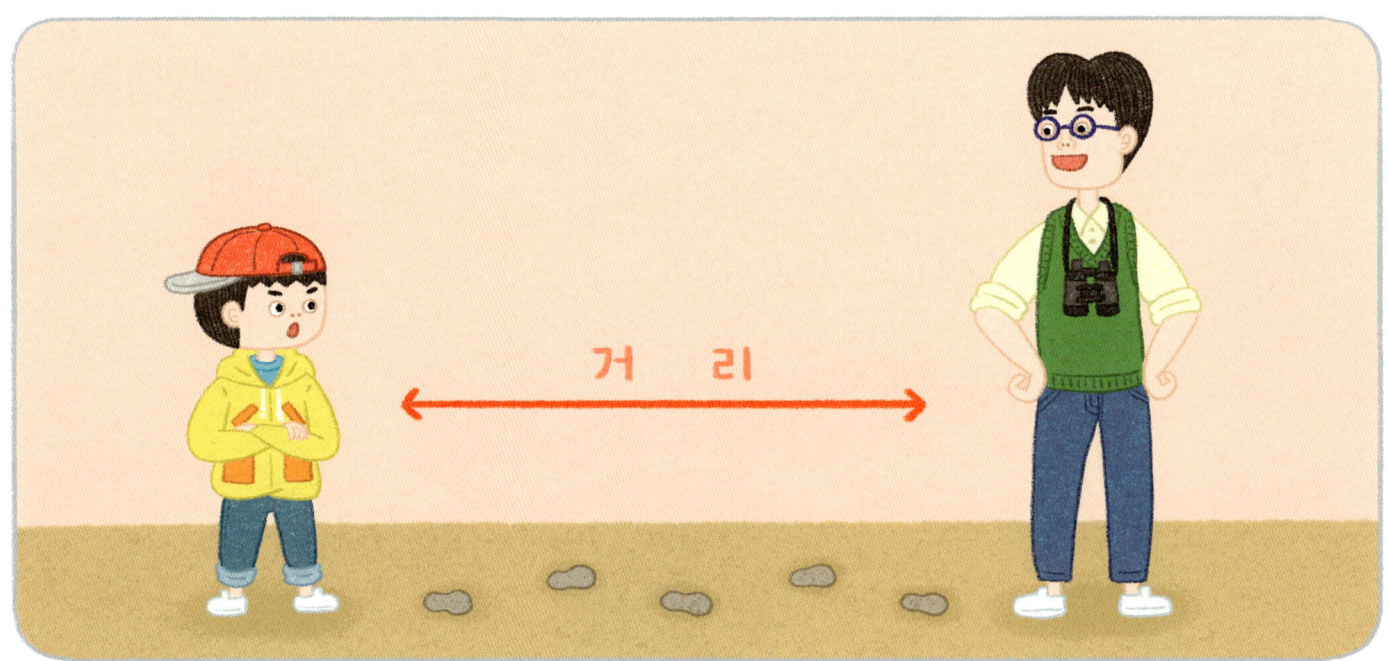

그렇다면 지도를 보고 거리를 어떻게 알 수 있을까?
아주 간단하단다.
지도에는 숫자가 쓰인 작은 막대기가 그려져 있거든.
앞서 지도가 실제 땅의 크기를 일정한 비율로 줄였다고 했지?
막대기 위의 숫자가 바로 그 비율을 뜻한단다.
가령 막대기 위에 '50m'라고 쓰여 있다면,
지도 속 막대기의 길이가 실제로는 50미터의 거리라는 뜻이지!

그렇다면 우리 집에서 편의점까지 거리가 50미터쯤 된다는 뜻이란다.

우리 집에서 남쪽으로 막대기 두 개 길이만큼 가면 어린이 공원도 보이지?

그럼 공원까지의 거리는 100미터라는 거지!

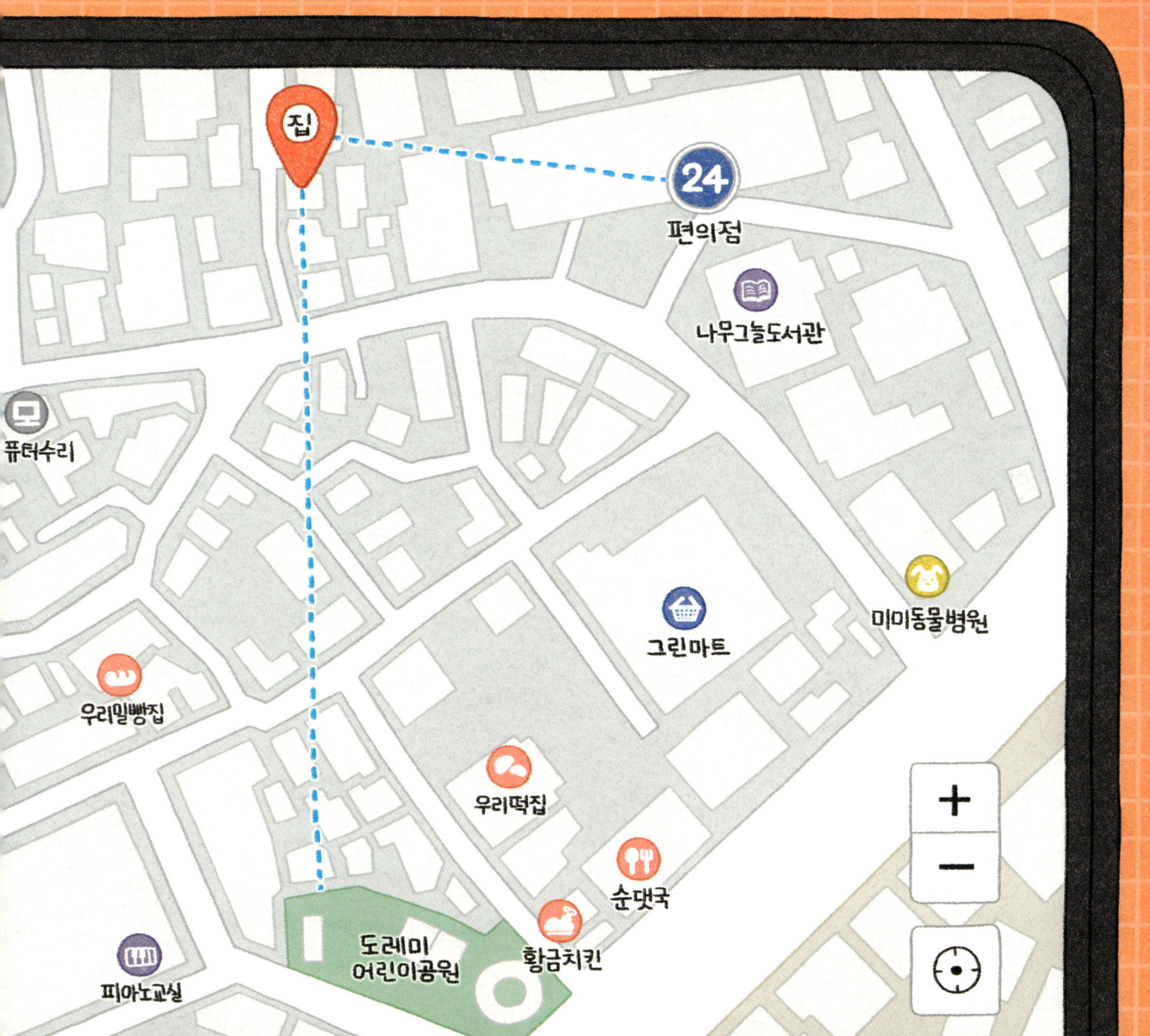

마지막으로 고도에 대해 알아볼까?
고도는 어떤 지점의 높이를 뜻한단다.
예를 들어, 우리나라에서 가장 높은 건물인
롯데월드타워는 높이가 555미터야.
이 높이는 어디에서부터 잰 것일까?
바로 빌딩이 땅에 닿은 면에서부터야.

하지만 지도에 표현된 고도, 특히 산의 높이는 다르단다.
만약 높이가 555미터인 산이 있다면,
그 산의 높이는 바닷물의 표면인 **해수면**을 기준으로 잰 거야.
그래서 지도에 표시된 산의 높이를 **해발 고도**라고 부른단다.

지난 방학에 놀러 갔던 제주도 한라산의 높이는 약 1947미터거든?
이 뜻은 제주도 주변 바닷물의 표면으로부터
한라산에서 가장 높은 봉우리가 1947미터 떨어져 있다는 뜻이란다.

캠핑장 지도를 보면 우리 텐트의 동쪽에 등산로 입구가 있어요.

일단 그곳으로 이동할 거고요.

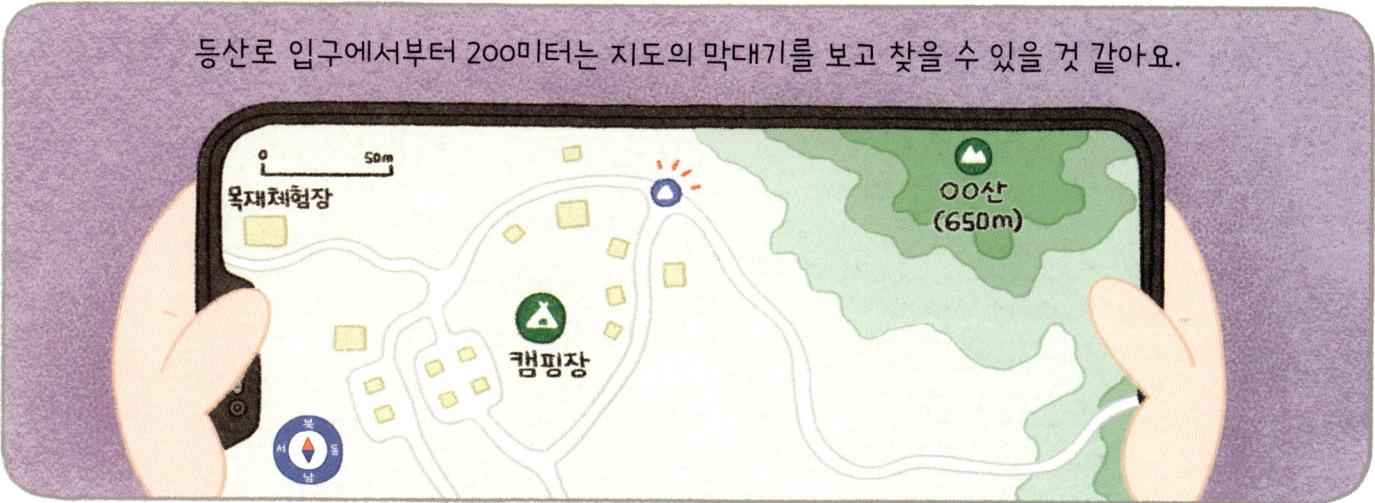

등산로 입구에서부터 200미터는 지도의 막대기를 보고 찾을 수 있을 것 같아요.

스마트 지도에 있는 막대기 위에 50미터라고 쓰여 있으니, 그 막대기 길이만큼 네 번 이동할 거예요.

막대기 네 개만큼 거리를 이동하니 산이 보여요!

저게 바로 650미터 높이의 ○○산인 거죠?

산봉우리를 정면으로 바라보도록 서면, 오른쪽 방향으로 네모난 바위가…….

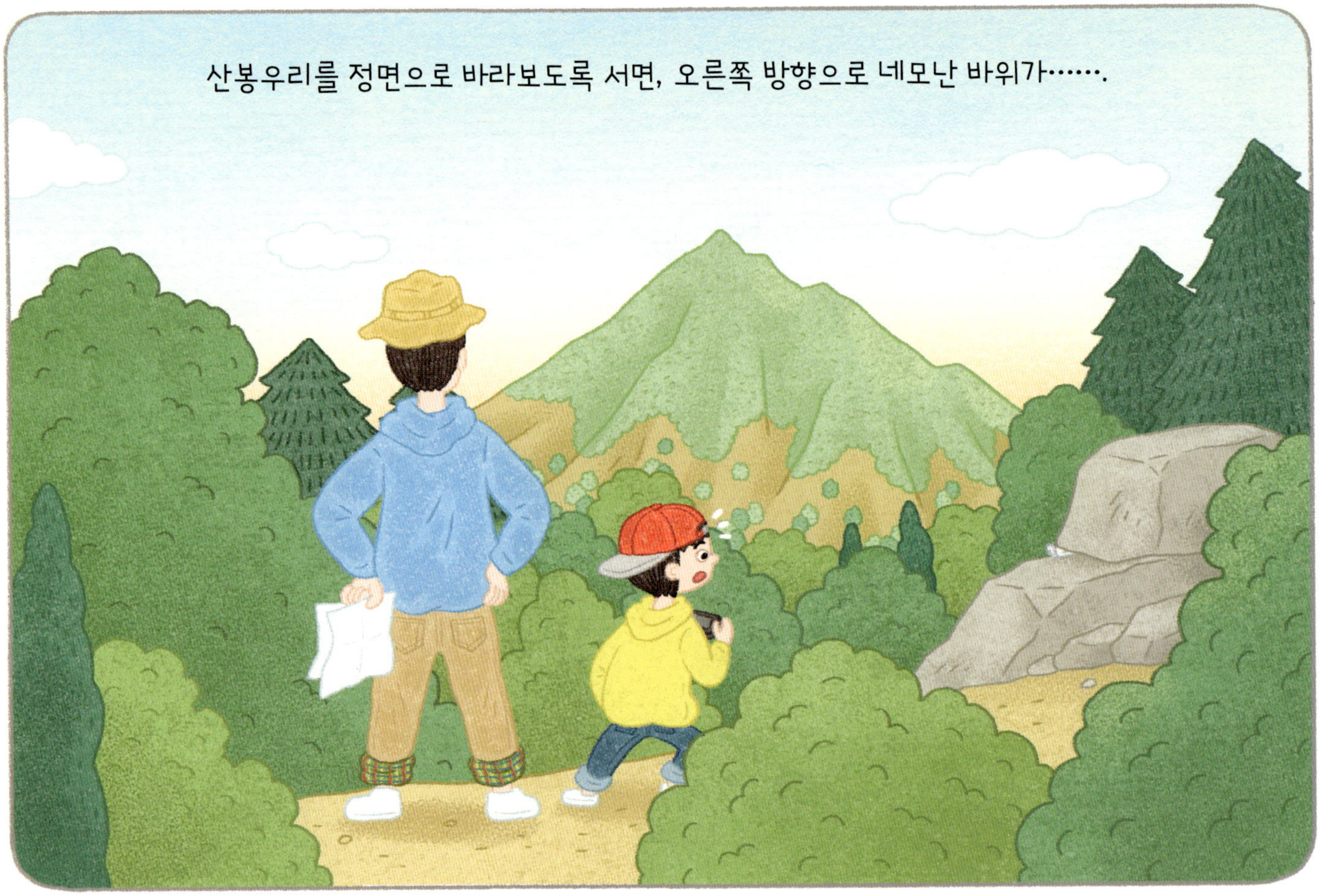

앗, 정말 네모난 바위가 있네요!
이 바위의 왼쪽 밑의 틈새에 아빠가 숨겨 둔 보물이 있겠죠?
찾았다!

벌써 찾아냈구나.
정말 최고다!

그런데 사실, 그 지도는 '진짜 보물 지도'란다!
아빠가 진짜 너에게 주는 보물은
그 지도로 찾을 수 있지. 하하!
우리 지오, 이번에도 잘 찾아갈 수 있겠지?

나의 첫 지리 여행

재미있는 지도 탐험

국립 지도 박물관

국토 지리 정보원은 우리나라 지도를 정밀하게 만드는 곳입니다.
국립 지도 박물관은 국토 지리 정보원 바로 옆에 있어요.
지도 박물관에 가면 우리나라의 옛 지도에서부터 현대 지도까지
온갖 종류의 지도를 눈으로 확인할 수 있답니다.
조선 시대에 김정호가 만든 대동여지도에서부터
실시간으로 정보가 업데이트되는 첨단의 지도까지
정확한 지도를 만들기 위해 사람들이 얼마나 노력해 왔는지 엿볼 수 있지요.

국립 지도 박물관 ▼ www.ngii.go.kr/map/main.do

서울 스카이 전망대

놀이동산으로 유명한 서울 롯데월드 옆에는
우리나라에서 가장 높은 건물인 롯데월드타워가 있습니다.
롯데월드타워의 높이는 무려 555미터에 달합니다.
초고속 엘리베이터를 타고 롯데월드타워의 꼭대기 층에 있는
서울 스카이 전망대에 오르면 마치 높은 산에 올라간 것처럼
주변을 한눈에 구경할 수 있습니다. 전망대에서 스마트 지도를 놓고
주변의 산과 강, 건물의 이름을 찾아보세요.
생각보다 흥미진진하고 재미있답니다.
가장 멀리 보이는 건물, 가장 멀리 보이는 산을 찾아보는 것도
무척 재미있는 경험이 될 거예요.

수준 원점

해발 고도는 해수면으로부터 잰 높이를 말합니다.
하지만 바닷물은 높아졌다 낮아졌다 매일 달라지는데
어떻게 높이를 알 수 있을까요?
그래서 나라마다 바닷물의 높이를 몇 년간 꾸준히 재서
기준점을 정했답니다.
이걸 육지에 표시해 놓은 시설이 바로 '수준 원점'입니다.
인천시 인하공업전문대학 안에 있는 수준 원점 건물은
문화재로 등록되어 있답니다.

스마트 지도로 여행하기

세계적인 기업인 구글은 엄청나게 많은 지리 정보를 가지고 있어요.
시작은 아주 단순했습니다. 구글의 창업자 래리 페이지는
'전 세계를 집 안에서 자유롭게 보고 싶다'고 생각했고, 그 꿈은 현실이 되었지요.
이제 우리는 방 안에 편안히 앉아 '스트리트 뷰' 기능을 이용해
전 세계 100여 개가 넘는 나라를 여행할 수 있습니다.
구글 스트리트 뷰를 만들 때 쓰는 카메라는 크게 두 종류입니다.
하나는 자동차에 달린 카메라로 도로 이곳저곳을 누비며 사진을 촬영해요.
다른 하나는 사람이 배낭을 메고 직접 걸으면서 사진을 찍는 것이지요.
자동차가 갈 수 없는 곳은 사람이 걸어서 사진을 찍기 때문에
두 방법을 활용하면 웬만한 장소는 모두 카메라에 담을 수 있답니다.

여러분도 스트리트 뷰를 이용해서 직접 가기 쉽지 않은
특별한 장소들을 여행해 보세요.
이집트 기자에 있는 피라미드와 스핑크스, 인도의 타지마할을 구경하고,
아랍 에미리트에 있는 현재 세계에서 가장 높은 건물인
'부르즈 칼리파'의 154층에 올라가거나,
이탈리아에 있는 아름다운 밀라노 대성당도 들어가 볼 수 있답니다.

* 사진에 있는 QR코드를 찍어 보세요.

이집트의 피라미드와 스핑크스

인도의 타지마할

아랍 에미리트의 부르즈 칼리파

이탈리아의 밀라노 대성당

글 최재희

서울 휘문고등학교 지리 교사입니다. 좋은 글을 쓰는 데 관심이 많습니다. 지은 책으로 《스포츠로 만나는 지리》, 《바다거북은 어디로 가야 할까?》, 《이야기 한국지리》, 《이야기 세계지리》, 《스타벅스 지리 여행》 등이 있습니다.

그림 미소노

이웃 나라 일본에서 바다를 건너 중학생 때 한국으로 왔습니다. 홍익대학교에서 판화를 공부하고, 어린이책에 그림을 그리고 있습니다. 쓰고 그린 책으로 《어서 와! 장풍아》, 《옥수수의 비밀》이 있으며, 그린 책으로 《뇌와 인공 지능 -내 머릿속이 궁금해》, 《푸른이의 두근두근 생태 교실》, 《종합 병원에는 의사 선생님만 있을까?》, 《엄마 사랑》, 《아빠 사랑》, 《너랑 나랑 선물》 등이 있습니다.

나의 첫 지리책 1 — 지도로 보물 찾기

1판 1쇄 발행일 2024년 10월 28일

글 최재희 | **그림** 미소노 | **발행인** 김학원 | **편집** 이주은 | **디자인** 기하늘

저자·독자 서비스 humanist@humanistbooks.com | **용지** 화인페이퍼 | **인쇄** 삼조인쇄 | **제본** 다인바인텍
발행처 휴먼어린이 | **출판등록** 제313-2006-000161호(2006년 7월 31일) | **주소** (03991) 서울시 마포구 동교로23길 76(연남동)
전화 02-335-4422 | **팩스** 02-334-3427 | **홈페이지** www.humanistbooks.com
사진 출처 국립 지도 박물관 ⓒ 국토 지리 정보원 / 공공누리 제1유형
대한민국 수준 원점 ⓒ 문화재청 / 공공누리 제1유형

글 ⓒ 최재희, 2024 그림 ⓒ 미소노, 2024
ISBN 978-89-6591-593-5 74980
ISBN 978-89-6591-592-8 74980(세트)

- 이 책은 저작권법에 따라 보호받는 저작물이므로 무단 전재와 무단 복제를 금합니다.
- 이 책의 전부 또는 일부를 이용하려면 반드시 저작권자와 휴먼어린이 출판사의 동의를 받아야 합니다.
- **사용연령 6세 이상** 종이에 베이거나 긁히지 않도록 조심하세요. 책 모서리가 날카로우니 던지거나 떨어뜨리지 마세요.